中国恐龙

探寻 恐龙奥秘

TANXUN KONGLONG AOMI

恐龙大百科

张玉光 ◎ 主编

青岛出版集团 ｜ 青岛出版社

禄丰龙

禄丰龙因化石出土于我国云南省禄丰县而得名。它们是较原始的原蜥脚类恐龙。迄今为止，禄丰龙化石尚未在其他国家出现。专家推测，禄丰龙可能只分布于中国。

化 石	以牙测食性 >>>

科学家发现，禄丰龙的牙齿短而密集，形状扁平、单一。这些与后来出现的植食恐龙的牙齿非常相似。因此，专家推断，禄丰龙是一种植食恐龙。

尾巴功能多

禄丰龙的尾巴不长，但妙用多多。走路时，它们的尾巴来回摆动，能保持身体平衡；吃高处的树叶时，尾巴能像跷跷板似的，帮禄丰龙抬高脖子和脑袋；睡觉时，尾巴和后肢可以组合成三脚架，稳定地支撑住身体。

大　　小	体长为 6 ～ 7 米
生活时期	侏罗纪早期
栖息环境	森林、河湖浅水区
食　　物	植物
化石发现地	中国

中华第一龙

禄丰龙虽然胆小，可它们的化石却堪称世界顶级资源——其发现种类、保存数量、埋葬密度、保存的完整性都居世界之最。这不仅是禄丰龙的骄傲，也是中华恐龙的骄傲！

生存不易

禄丰龙生来缺少防身武器，而同一时期的肉食恐龙性情暴虐，四处猎杀植食动物。为了保命，禄丰龙时刻保持着较高的警惕，外出时会格外小心，甚至连觅食时也要一边缓缓步行一边抬头四处张望。一旦发现危险，它们就会立刻逃进森林深处躲藏起来。

你知道吗？

禄丰龙会像现代的马一样站着睡觉。

禄丰龙平时多以两足方式行走，但在就食和休息时，也会使前肢着地，弓背而行。

3

雄关龙

2009年，我国甘肃省境内首次发现雄关龙的化石。雄关龙是生存在白垩纪早期的恐龙，属于稀有的肉食性恐龙。它们还是暴龙类的祖先，其化石的发现为人们了解暴龙家族提供了新的线索。

暴龙类的祖先

雄关龙生活在白垩纪早期，比先前已知的暴龙类成员要早许多年。而且，它们既具备早期原始暴龙类的特征，比如鼻子细长、眶前骨狭长等，也具备后期演化出的暴龙类的特征，如拥有盒状头骨与锋利的前部牙齿等。因此，研究人员推断，雄关龙很可能是暴龙类的祖先。

大　　小	体重约为270千克
生活时期	白垩纪早期
栖息环境	树林、平原
食　　物	肉类
化石发现地	中国

雄关龙的头骨与其他暴龙的头骨类似，但其眼眶前部特别长，大约占头骨的 2/3。这一特征其他暴龙类并不具备。另外，它们的鼻骨上没有褶皱，眼眶四周没有明显的角状脊，颧骨处也没有气腔。

祖先与后辈

因口鼻比较狭长，加上牙齿尖锐锋利，雄关龙能够直接撕咬猎物。后期大型暴龙类恐龙同样口鼻又大又厚，咬合力很强，能直接撕咬猎物。比如：霸王龙就习惯一口咬断猎物的脖子。相比而言，雄关龙显得"温柔"多了。

发现意义

雄关龙化石的发现填补了暴龙类在距今约 1.45 亿年至 6500 万年间的化石记录空白，为研究暴龙类恐龙的形态、系统发育和猎食行为等提供了非常珍贵的第一手资料。

你知道吗？

雄关指的是我国甘肃省境内的天下第一关——嘉峪关。
雄关龙的脊椎长得比较粗壮，可能是为了支撑头部。

5

单脊龙

单脊龙头骨上只有一个头冠。因化石出土于我国新疆的将军庙，所以它们也被叫作"将军庙单脊龙"。这种恐龙常以鱼类和小型恐龙为食，偶尔捡食腐肉。即便如此，它们也只是"二等"掠食者，常会沦为别人的美餐。

名字的由来

人们在挖掘单脊龙化石时，发现其头骨上有突起的脊冠。一开始，大家以为这是双脊龙的头骨化石。后来经过鉴定，专家认为这属于一种全新的恐龙，就以"一个头冠"为这种新恐龙取名"单脊龙"。

大　　小	体长约为5米
生活时期	侏罗纪
栖息环境	湖岸或海岸地区、丘陵地带
食　　物	鱼类、小型恐龙、腐肉等
化石发现地	中国

"二等"掠食者

　　为什么说它们是"二等"掠食者呢？原因有二：第一，它们下颌骨细窄，咬合力弱，且牙齿稀疏，无法牢牢咬紧猎物，反而容易被猎物拽伤；第二，它们体形中等，根本不是巨大的肉食恐龙的对手。所以，在侏罗纪时期，它们只能当"二等"掠食者。

不想饿肚子

　　由于单脊龙在牙齿和其他方面有先天的不足，它们只好以鱼类或小型恐龙为食。如果连续几天抓不到猎物，单脊龙就只能靠捡食腐肉来充饥了。

化石　单脊龙头骨　>>>

　　单脊龙头骨狭长，嘴巴尖细，头顶上长有头冠，脖子偏短，尾巴较长，身形偏瘦，前肢短而瘦小，后肢较为强壮，主要靠后肢行走。

蜀 龙

蜀龙身形高大，尾巴上长着椭圆形的尾锤。它们大多成群结队地生活。蜀龙化石是目前在我国四川境内发现较多的侏罗纪中期恐龙化石，具有一定的代表性，因此人们把蜀龙和同时期的其他恐龙一并称作"蜀龙动物群"。

化 石 李氏蜀龙尾锤 >>>

1989年，一块形似棒子的化石引起了人们的注意。经鉴定，这根"棒子"原来是尾椎增生形成的尾锤。这个尾锤有一个足球大小，呈椭圆形，可能是用来抵御肉食恐龙的武器。

大 小	体长约为 12 米
生活时期	侏罗纪中期
栖息环境	平原、河畔湖滨地带
食 物	植物
化石发现地	中国

集体生活

蜀龙喜爱集体生活。不过，蜀龙的牙齿很小，长得像铲子似的，只能咀嚼柔嫩的植物。所以，集体生活有时会导致食物不够充足。因此，蜀龙常常成群地在湖边、沼泽边漫步，寻找鲜嫩的食物。

首次发现

1983 年，我国的古生物科研人员在四川省自贡市发现了蜀龙的第一块化石。迄今为止，我国在这里已发现超过 20 具蜀龙化石，并出土了一具保存相当完好的蜀龙骨骼化石。

你知道吗？

蜀龙虽然牙齿坚硬，但只能吃些柔嫩多汁的植物。

在蜀龙的骨骼化石中，头骨化石是最难保存下来的。

蜀龙动物群

蜀龙家族里有一部分叫"李氏蜀龙"的成员。它们不仅是世界上最早被发现的长有尾锤的恐龙，也是在四川发现的化石数量最多的恐龙之一，其中约有 30 具骨骼化石保存得相当完整。因此，人们又把侏罗纪中期罕见的恐龙群体称为"蜀龙动物群"。

峨眉龙

　　峨眉龙是生活于侏罗纪中晚期的一种体形较大的恐龙，因化石发现于四川峨眉山而得名。目前，我国总共发现了6种峨眉龙化石。

大　　小	体长为 10～20 米
生活时期	侏罗纪中晚期
栖息环境	内陆湖泊边缘
食　　物	植物
化石发现地	中国

化　石	天府峨眉龙 >>>

　　峨眉龙成员的脖子都很长，由 17～19 节颈椎组成。其中，脖子最长的当属天府峨眉龙——其脖子长度可达 9.1 米。

组团应战

　　虽然峨眉龙体形高大、身体健壮，可它们缺少防御敌人的防身武器。因此，它们经常被肉食恐龙偷袭、攻击。为了生存，峨眉龙常会三三两两地组团生活，以互相照顾，共同抗敌。

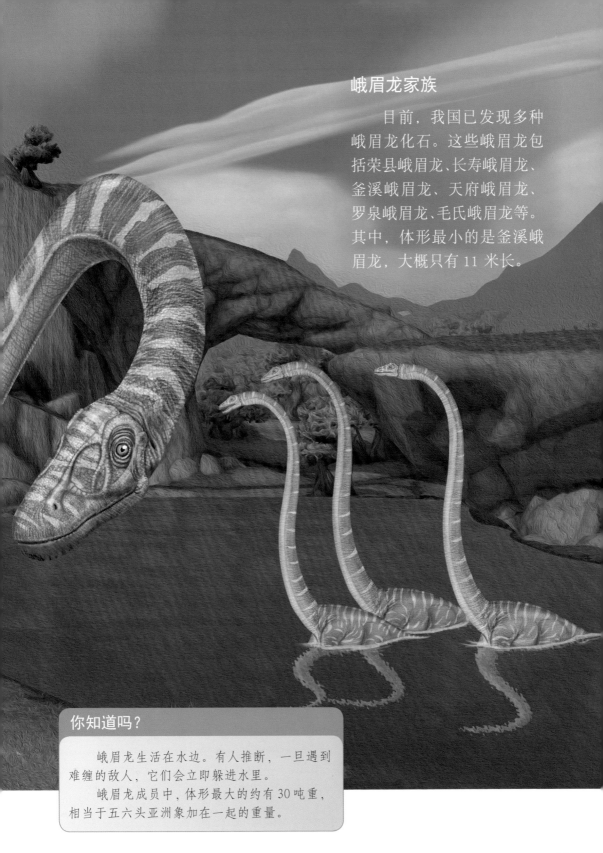

峨眉龙家族

目前，我国已发现多种峨眉龙化石。这些峨眉龙包括荣县峨眉龙、长寿峨眉龙、釜溪峨眉龙、天府峨眉龙、罗泉峨眉龙、毛氏峨眉龙等。其中，体形最小的是釜溪峨眉龙，大概只有 11 米长。

你知道吗？

峨眉龙生活在水边。有人推断，一旦遇到难缠的敌人，它们会立即躲进水里。

峨眉龙成员中，体形最大的约有 30 吨重，相当于五六头亚洲象加在一起的重量。

马门溪龙

　　在现代哺乳动物中，长颈鹿脖子最长。恐龙中拥有长脖子的也不少，比如马门溪龙。它们的脖子可以达到 15 米，全身最长有 35 米左右。它们的名字算是个美丽的错误。这究竟是怎么回事呢？一起来看看吧！

化 石　长脖子 >>>

　　马门溪龙的脖子约由 19 块颈椎骨组成。这在恐龙中很少见。它们身长能达到二三十米，其中脖子可达到 15 米长。这比长颈鹿的脖子长了 6 倍不止！

小知识

　　2006 年，新疆出土了一具马门溪龙化石。化石显示，这只恐龙长达 35 米，其中脖子长约 15 米，是名副其实的"亚洲第一龙"。

挖出宝贝

　　1952 年，一个工程队在四川省宜宾市的马鸣溪渡口施工时突然挖出了许多骨骼化石。发现者赶紧把它们送交专家鉴定。经杨钟健教授确认，这些是全新种类的恐龙骨骼化石。这令许多古生物学家感到兴奋。谁能想到在一个渡口竟挖出了宝贝呢？

大　　小	体长可达35米
生活时期	侏罗纪晚期
栖息环境	三角洲、森林
食　　物	低矮植物的叶子、嫩枝等
化石发现地	中国

你知道吗?

　　马门溪龙脖子长、身体壮，可是脑袋特别小。它们的脑袋甚至没有自己的一块脊椎骨大。

　　马门溪龙的脖子又长又细，但并不灵活，转动起来十分缓慢。

美丽的错误

　　原本，杨钟健教授是以马鸣溪这个发现地的地名为新恐龙起了名字。可是，杨教授说话带有方言口音，结果记录人员把"马鸣溪"听成了"马门溪"，并登记在册。此后，"马门溪龙"这个名字就被流传下来。

永川龙

永川龙生活在大约 1.6 亿年前的侏罗纪晚期，因化石发现于我国重庆市永川区而得名，是目前我国境内发现的最大的肉食恐龙。

大　小	体长为 10～11 米，体重约为 4 吨
生活时期	侏罗纪晚期
栖息环境	丛林、湖滨等
食　物	肉类
化石发现地	中国

化　石　6对"窟窿" >>>

永川龙是一种大型的肉食恐龙。它们身长约为10米，站立时高约4米，头骨很大，但上面有6对"窟窿眼儿"，可以有效地减轻头骨重量。除了一对眼孔，这6对大孔中的其他5对连接着脸部肌肉群，可能会增强永川龙的咬合能力。

爱挑事的家伙

1977 年，人们在重庆市永川地区修建上游水库时挖出了恐龙化石。科研人员因此将化石标本命名为"上游永川龙"。永川龙身体强壮，体重约为 4 吨，足以在当时称王称霸。它们习惯于独来独往，性情暴躁，即使肚子不饿，也经常"欺负"其他动物，享受捕猎的乐趣。

小知识

中国是世界上发现恐龙种类最多的国家，而且每年还在发现很多新的恐龙类型。

好眼力

永川龙头骨两侧的双眼长得比较近。这样，外界物体在视觉上就会有部分重叠，显得更加立体。所以，永川龙可以迅速、准确地判断猎物的位置，进而对猎物发起猛攻，捕获猎物。

你知道吗？

人们曾在同一地点、同一地层中发掘出 3 具近于完整的永川龙化石。至此，我国发掘出了亚洲最完整的肉食恐龙骨架化石。

锦州龙

21世纪初,古生物学家在中国辽宁义县发现了一种恐龙的化石。经研究,这种恐龙属于禽龙类,生活于距今约1.25亿年前,是种植食恐龙。为纪念中国恐龙研究第一人杨钟健先生,古生物学家为其起名为"杨氏锦州龙",简称为"锦州龙"。

小知识

锦州龙是辽西热河生物群中的鸟脚类成员。它的发现丰富了辽西热河生物群的组成,进一步证实了辽西热河生物群的时代为白垩纪早期。

大　　小	体长为4.5～7米,体重为1～1.5吨
生活时期	白垩纪早期
栖息环境	平原、丘陵
食　　物	植物
化石发现地	中国

你知道吗?

恐龙的眶前孔是长在眼眶前面的孔洞,并不是鼻孔。现代部分鸟类也有眶前孔。

2001年，我国辽宁省发现了第一具锦州龙化石标本。标本保存得十分完整，头部的牙齿清晰可见，颈椎骨弯曲，四肢形成于一侧。

重要价值

锦州龙具有禽龙类的部分特点，比如它们长有喙状嘴、树叶状的牙齿等。另外，它们还有些鸭嘴龙类的特征。专家认为，锦州龙的出现对研究禽龙类的演化和鸭嘴龙类的起源具有重要意义。

巨盗龙

巨盗龙是生存于白垩纪时期的恐龙，体形巨大，拥有超过 8 米的体长和接近 5 米的身高。因此，它们被公认为世界上最大的"似鸟恐龙"。虽然像鸟，但它们可是货真价实的恐龙。

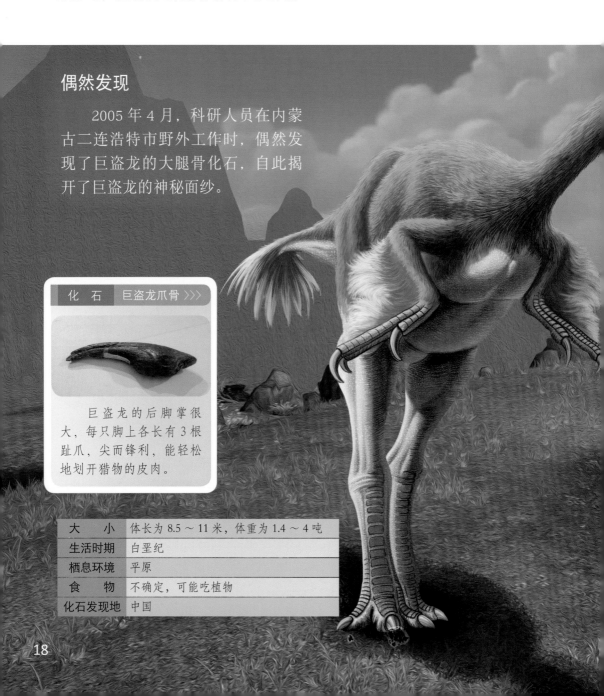

偶然发现

2005 年 4 月，科研人员在内蒙古二连浩特市野外工作时，偶然发现了巨盗龙的大腿骨化石，自此揭开了巨盗龙的神秘面纱。

化石　巨盗龙爪骨 >>>

巨盗龙的后脚掌很大，每只脚上各长有 3 根趾爪，尖而锋利，能轻松地划开猎物的皮肉。

大　　小	体长为 8.5～11 米，体重为 1.4～4 吨
生活时期	白垩纪
栖息环境	平原
食　　物	不确定，可能吃植物
化石发现地	中国

巨型未成年恐龙

科学家研究后发现，2005 年在二连浩特发现的腿骨化石属于一只 11 岁左右的巨盗龙。当时它的体长大概有 8.5 米，体重约有 1.4 吨。令科学家惊讶的是，这只恐龙明明还未成年，却拥有超乎其他种类成年恐龙的壮实身体。

成长"催化剂"

经科学家鉴定，巨盗龙的骨细胞有圆有扁，还有非常清楚的生长纹。而且，这些骨细胞生长速度很快，不断催动着骨头变大、变强，所以巨盗龙才长成了"童龄巨人"的模样。

你知道吗？

巨盗龙长着和鸟嘴一样的角质喙，嘴里没有牙齿。

第一具巨盗龙化石标本出土于我国内蒙古的二连浩特，所以其种名被命名为"二连巨盗龙"。

巨盗龙与尾羽龙是近亲，可它们的体形却相差十几倍！

小盗龙

小盗龙化石出土于中国辽宁。这种恐龙是目前已知的体形最小的恐龙之一。不仅如此，它们还是最早被发现的长有羽毛的恐龙之一。这种鸟类特征多于恐龙特征的恐龙隐隐向人们揭示了恐龙与鸟类之间紧密的关联，为"鸟类是由恐龙进化而来"的假说提供了非常有力的支持。

或许会滑翔

虽然古生物学家没有在出土的小盗龙化石上发现鸟类特有的用来飞行的飞行肌痕迹，但他们认为身上长有羽毛的小盗龙也许能够借助羽毛的便利在空中滑翔。

▶ 全球已发现的长有羽毛的恐龙不止小盗龙一种，另外还有中华龙鸟、原始祖鸟、尾羽龙、北票龙、千禧中国鸟龙等。

四翼恐龙

小盗龙和现代的鹰很像。它们的体表覆盖着一层毛茸茸的飞羽，尤其是其前肢和后肢几乎全被羽毛覆盖住。所以，小盗龙还有一个"四翼恐龙"的外号。张开四肢时，它们看上去就像张开了4只翅膀一样。

多样食性

自小盗龙化石被发现以来，人们一直以为小盗龙只吃一些生活在陆地上的小动物。但是，后来古生物学家在某些小盗龙化石的腹腔部位发现了鱼类化石。这充分说明：小盗龙的食性远比我们想到的还要广泛、复杂。

化 石　小盗龙的头骨 >>>

古生物学家发现，到目前为止，已发现的大多数肉食恐龙牙齿两侧长有锯齿，但小盗龙不同，它们的牙齿只有一侧存在锯齿。这说明小盗龙在进食时应该是将食物囫囵吞下去的。

大　　小	体长小于1米
生活时期	白垩纪早期
栖息环境	森林
食　　物	早期哺乳动物、蜥蜴、鱼类等
化石发现地	中国辽宁

青岛龙

青岛龙化石产出于我国山东莱阳市，是中华人民共和国成立后发现的恐龙化石。青岛龙的头上长有顶饰，让它们看上去像独角兽一样。不过，人们对其顶饰的作用一直争论不断，至今也没得出确切的答案。

化　石	青岛龙的头骨与棒状棘 >>>

青岛龙的鼻骨后面长着一根长长的棒状棘。这让青岛龙乍看上去有点儿像传说中的独角兽。

大　　　小	体长约为7米，体重为6～7吨
生活时期	白垩纪晚期
栖息环境	灌木丛、淡水湖泊边
食　　物	树叶、水果、种子等
化石发现地	中国

发现与命名

20世纪50年代，杨钟健教授在山东省莱阳市发现了全新的恐龙化石。这是中华人民共和国成立后首次发掘的恐龙化石。不过，因为当时的挖掘大本营以及研究、展览等工作多放在青岛，所以杨教授便以"青岛龙"为恐龙命名。

备受争议的棒状棘

有人认为，青岛龙的棒状棘很不结实，无法御敌，但能用以发声、相互交流。也有人认为这只是吸引异性的装饰品。不过，曾有人大胆猜测，棒状棘可能是青岛龙移位的鼻骨，只是长错了地方，变成了"独角"。那么，事实到底是什么呢？或许，我们只能耐心地等待科学家们的进一步研究了。

你知道吗？

青岛龙的全名叫"棘鼻青岛龙"。北京自然博物馆里现存有一具完整的青岛龙化石骨架。

小知识

古生物学家曾在我国山东青岛及其周边地区发掘出多具恐龙化石，其中包括青岛龙和其他种类鸭嘴龙的骨架化石。

千禧中国鸟龙

1999年，中国古生物研究人员在辽宁地区发现了千禧中国鸟龙化石。这件化石标本在形态结构上十分接近始祖鸟。研究人员推测，这种生物虽然不能飞行，但骨骼结构正在向飞行的方向演化，已经能够拍打前肢。

身披羽毛

科学家在千禧中国鸟龙的化石中发现了羽毛的痕迹。这些羽毛由丝状物构成，并没有现代鸟类羽毛所具有的次要分支与小型羽支。因此，研究人员推测，千禧中国鸟龙身上的羽毛可以用来保持体温，却并不能让它们飞行。

能够使用毒液

研究人员发现，千禧中国鸟龙和现代一些有毒动物类似，在上颌部位长有长牙，并且还可能长有毒腺。这让千禧中国鸟龙能通过牙齿向猎物体内注入毒液，从而有效地麻痹猎物。

大 小	体长约为1米
生活时期	白垩纪
栖息环境	森林等
食 物	鸟类等小型动物
化石发现地	中国

图书在版编目（CIP）数据

探寻恐龙奥秘. 7, 中国恐龙 / 张玉光主编. —青岛：青岛出版社，2022.9
（恐龙大百科）

ISBN 978-7-5552-9869-4

Ⅰ.①探… Ⅱ.①张… Ⅲ.①恐龙 – 青少年读物 Ⅳ.①Q915.864-49

中国版本图书馆CIP数据核字（2021）第118791号

书　名	恐龙大百科：探寻恐龙奥秘 （中国恐龙）
主　编	张玉光
出版发行	青岛出版社（青岛市崂山区海尔路182号）
本社网址	http://www.qdpub.com
责任编辑	朱凤霞
美术设计	张　晓
绘　制	央美阳光
封面画图	高　波
设计制作	青岛新华出版照排有限公司
印　刷	青岛新华印刷有限公司
出版日期	2022 年 9 月第 1 版　2022 年 10 月第 1 次印刷
开　本	16 开（710mm×1000mm）
印　张	12
字　数	240 千
书　号	ISBN 978-7-5552-9869-4
定　价	128.00 元（共 8 册）

编校印装质量、盗版监督服务电话：4006532017　0532-68068050

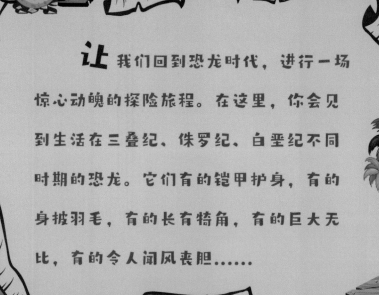

让我们回到恐龙时代，进行一场惊心动魄的探险旅程。在这里，你会见到生活在三叠纪、侏罗纪、白垩纪不同时期的恐龙。它们有的铠甲护身，有的身披羽毛，有的长有特角，有的巨大无比，有的令人闻风丧胆……

ISBN 978-7-5552-9869-4

ISBN 978-7-5552-9869-4
定价：128.00（全8本）